Jeden Tag besser

Mathematik

Intensivtraining Textaufgaben

5. Klasse

Cornelsen
SCRIPTOR

Lernplan von ____________________

Die Aufgabe verstehen

Dein erster Schritt zum Ziel: Mache dich mit dem Aufgabentext vertraut. Gehe so vor:

- Lies die *Aufgabe* oft und konzentriert durch, so lange, bis du sie verstanden hast.
- *Unterstreiche* wichtige Informationen.
- Manche Aufgabentexte enthalten Angaben, die für die Lösung der Aufgabe keine Bedeutung haben. *Verkürze* die Aufgabe auf die wesentlichen Angaben, dann wird sie übersichtlicher.

Beispiel:
Ein Fahrradhändler verkauft ein Fahrrad mit kleinen Lackschäden. Ursprünglich wollte er es für 430 € verkaufen. Nun muss er es mit einem Rabatt von 76 € anbieten. Was kostet das Fahrrad noch?

Kurzfassung: Ein Fahrrad kostet 430 €. Es wird um 76 € billiger verkauft. Was kostet es jetzt noch?

Verkürze die Texte der folgenden Aufgaben auf die gleiche Weise.

1 **Die Stadtbibliothek in Dortmund bietet insgesamt 34 500 Bücher für Jugendliche im Alter von 10 bis 15 Jahren an. Zurzeit sind davon 1 345 Bücher ausgeliehen. Wie viele Bücher stehen noch in den Regalen?**

Kurzfassung: ______________________________

______________________________ 2

2 **Claudia und Nadine verkaufen auf dem Flohmarkt ihre alten Spielsachen. Am Ende des Tages haben sie alles verkauft. Claudia hat 34,50 € und Nadine 40,30 € für ihre Sachen eingenommen. Wie viele Euro hat Nadine mehr eingenommen?**

Kurzfassung: ______________________________

______________________________ 2

3 Am Samstag fand eine internationale Sportveranstaltung im Stuttgarter Stadion statt. Familie Meier war mit fünf Personen dort.
Ein Karte kostete 12 €.
Wie viel Geld hat Familie Meier dieses Vergnügen gekostet?

Kurzfassung: ______________________ | |2|

4 Bei schönem Wetter machen Dirk und Sebastian eine Fahrradtour. Sie fahren zu Dirks Bruder, der 12 km entfernt wohnt. Auf dem Heimweg machen sie einen kleinen Umweg von 3 km zu einem Badesee. Wie viele Kilometer sind sie insgesamt gefahren?

Kurzfassung: ______________________

______________________ | |2|

5 Tanja hat Geburtstag und geht mit ihren Eltern in ein Restaurant. Auf der Rechnung stehen: Dreimal gebratener Fisch zu je 12,80 €, zwei Gläser Wein zu je 3,20 € und ein Glas Apfelsaft zu 2,50 €. Ihr Vater gibt 2 € Trinkgeld und bezahlt mit einem 50-€-Schein. Wie viel Geld bekommt er zurück?

Kurzfassung: ______________________

____

______________________ | |2|

6 David und Monika machen eine Wanderung. Insgesamt wollen sie 15 km laufen. Nach 6,5 km machen sie die erste Pause. Nach 4,4 km legen sie eine zweite Pause ein. Welche Strecke haben sie nach dieser Pause noch vor sich?

____

______________________ | |2|

 | |

 12–10 Punkte

 9–6 Punkte

 5–0 Punkte

| | Gesamtpunktzahl

Gesucht – gegeben

Dein zweiter Schritt zum Ziel:

Finde heraus und notiere:
- Was soll berechnet werden? — Was ist gesucht?
- Welche Zahlen oder Größen sind angegeben? — Was ist gegeben?

Beispiel:
Ein Fahrradhändler verkauft ein Fahrrad mit kleinen Lackschäden. Ursprünglich wollte er es für 430 € verkaufen. Nun muss er es mit einem Rabatt von 76 € anbieten. Was kostet das Fahrrad noch?

Gesucht: Neuer Preis

Gegeben: Alter Preis: 430 €
Rabatt: 76 €

1 **Marion und Silke bestellen sich bei Pizza-Max 2 Pizzen zu je 4,50 € und eine Portion Salat zu 3,70 €. Silke bezahlt mit einem 20-€-Schein. Wie viel Geld bekommt sie zurück?**

Gesucht: ____________________ Gegeben: ____________________

____________________ ____________________ 2

2 **Im Urlaub bezahlt ein Ehepaar für 6 Übernachtungen 387 €. Wie teuer ist eine Übernachtung?**

Gesucht: ____________________ Gegeben: ____________________

____________________ ____________________ 2

3 **In einem Klassenraum stehen 6 Einzeltische in einer Reihe. Wie viele Tische stehen in 5 Reihen?**

Gesucht: ____________________ Gegeben: ____________________

____________________ ____________________ 2

4 **Frau Müller trägt pro Tag 123 Zeitungen aus. 68 hat sie schon geschafft. Wie viele Zeitungen bleiben ihr noch?**

Gesucht: ______________ Gegeben: ______________

______________ ______________ [ ] 2

5 **In einer Straßenbahn sitzen 46 Personen. An der nächsten Haltestelle steigt die Hälfte davon aus und 13 Personen ein. Wie viele Plätze sind jetzt besetzt?**

Gesucht: ______________ Gegeben: ______________

______________ [ ] 2

6 **Ein Buch hat 312 Seiten.**

a) Karin möchte das Buch in 6 Tagen lesen. Wie viele Seiten muss sie durchschnittlich täglich lesen?

Gesucht: ______________ Gegeben: ______________

______________ ______________

b) Julian hat jeden Tag 39 Seiten gelesen. Wie viele Tage hat er für das Lesen des Buches gebraucht?

Gesucht: ______________ Gegeben: ______________

______________ [ ] 2

7 **Die chinesische Mauer ist 2 170 km lang. Wie viele Tage würde man von einem Ende zum anderen benötigen, wenn man täglich 35 km zurücklegte?**

Gesucht: ______________ Gegeben: ______________

______________ [ ] 2

[ ] 14–11 Punkte 10–7 Punkte 6–0 Punkte [ ] Gesamtpunktzahl

Den Lösungsweg planen

Dein dritter Schritt zum Ziel:

**Überlege, welche Rechenart oder welcher Rechenweg zur Lösung führt.
Das hilft dir dabei:
Entweder: Achte auf Wörter, die auf eine bestimmte Rechenart hinweisen.
Oder: Finde mithilfe einer Zeichnung den Rechenweg.**

Nenne die Rechenart, auf die die unterstrichenen Wörter hinweisen.

Beispiel:
Frau Frei kauft eine Jeans. Sie ist in dem Geschäft Stammkundin. Statt 89€ zahlt sie 32€ weniger. Wie viel kostet sie die Jeans?

weniger → *subtrahieren*

1 100€ sollen an vier Geschwister gleichmäßig verteilt werden.
Wie viel Geld bekommt jeder?

______ → ______ | 2

2 Hans hat 54 kleine Spielzeugautos. Er schenkt die Hälfte seinem kleinen Bruder. Wie viele Autos sind das?

______ → ______ | 2

3 Sven erhält 4,50€ Taschengeld. Ab der nächsten Woche wird es um 50 ct erhöht.

______ → ______ | 2

4 Philipp isst 2 Klöße. Sein Bruder dreimal so viele.

______ → ______ | 2

Finde mithilfe einer Zeichnung den Rechenweg. Ergänze die Leerstellen.

5 **Frau Schneider hat 680 € gewonnen. Sie kauft sich ein Kleid für 120 €, ein Paar Schuhe für 75 € und eine Tasche für 150 €. Wie viel Geld kann sie dann noch einem Kindergarten spenden?**

Schuhe 75€	*Kleid 120€*	*Tasche 150€*	Spende

680 €

Ausgaben addieren: ____________________

Gewinn – Ausgaben = Spende ____________________ 3

6 **Lotte kauft für die Schule 3 Hefte, einen Zirkel und 2 Bleistifte. Ein Heft kostet 1,20 €, der Zirkel kostet 7,50 € und ein Bleistift 60 ct. Was bezahlt sie?**

1,20€					

Rechenweg: ____________________

____________________ 3

7 **Herr S. kauft einen neuen Fernseher zum Preis von 1 243 €. Er zahlt 455 € an. Den Rest kann er in 4 monatlichen Raten abzahlen. Wie hoch ist jede Rate?**

____________	1. Rate	2. Rate.	3. Rate	4. Rate

Rechenweg: ____________________

____________________ 3

17–14 Punkte | 13–9 Punkte | 8–0 Punkte | Gesamtpunktzahl

Das Ergebnis kontrollieren

Dein vierter Schritt zum Ziel:

Prüfe nach, ob dein Ergebnis Sinn ergibt und du richtig gerechnet hast. Du kannst entweder eine Überschlagsrechnung oder eine Gegenrechnung durchführen.

Überprüfe das Ergebnis mit einer Überschlagsrechnung.

1 Kurt löst diese Aufgabe:
Ein Autotransporter ist mit 12 gleichen Autos beladen. Wie groß ist das Gewicht aller Autos, wenn ein Auto 2 112 kg wiegt?

Kurts Rechnung: *2112 kg · 12 = 13 452 kg*

Wie lautet die Überschlagsrechnung? ______________________

Kann Kurts Lösung stimmen? ______________________

Die richtige Rechnung: ______________________ 3

2 Familie Kautz verbraucht im Monat Januar 3 720 Liter Wasser. Wie viel Liter Wasser sind das pro Tag?

Rechnung: ______________________

Überschlag: ______________________ 2

Tipp: Runde Dividend und Divisor so ab, dass du eine im Kopf rechenbare Aufgabe erhältst.

3 Herr Kraft ist viel mit dem Auto unterwegs. Im Januar fährt er 1 234 km, im Februar 1 989 km und im März 2 211. Wie viele Kilometer ist er in den 3 Monaten insgesamt gefahren?

Überschlag: ______________________

Rechnung: ______________________ 2

Überprüfe das Ergebnis mit einer Gegenrechnung.

Rechnung und Gegenrechnung:

60	$\xrightarrow{+23}$ / $\xleftarrow{-23}$	83	25	$\xrightarrow{-12}$ / $\xleftarrow{+12}$	13
15	$\xrightarrow{:5}$ / $\xleftarrow{\cdot 5}$	3	4	$\xrightarrow{\cdot 12}$ / $\xleftarrow{:12}$	48

4 **Rechnung:** 36 – 16 = 20 **Gegenrechnung:** ______ 1

5 **Andrea hat 120 € gespart. Sie kauft sich für 42 € einen Stereo-Radiorekorder. Wie viel Geld behält sie übrig?**

Rechnung: 120 € – 42 € = ______

Gegenrechnung: ______ + 42 € = 120 € 1

6 **Martin kauft 3 CDs. Eine CD kostet 9 €. Wie viele € muss er bezahlen?**

Rechnung: ______

Gegenrechnung: ______ 2

7 **Die Klasse 5d mit 25 Schülerinnen und Schülern macht mit ihrem Klassenlehrer einen Ausflug ins Grüne. Die Fahrtkosten betragen 104 €. Wie viel muss jeder bezahlen?**

Rechnung: ______

Gegenrechnung: ______ 2

13–11 Punkte 10–7 Punkte 6–0 Punkte Gesamtpunktzahl

Einen Antwortsatz formulieren

Dein fünfter Schritt zum Ziel:

Schließe jede Aufgabe mit einem vollständigen Antwortsatz ab.

Lies die Aufgabe noch einmal durch und sieh nach, was gesucht war.

1 Ergänze in der folgenden Aufgabe die Leerstellen.

Steffi ist mit ihrer Mutter in der Stadt unterwegs. Es ist Sommerschlussverkauf. Steffi braucht für den Urlaub noch einen schicken Badeanzug. In einem Geschäft entdecken sie einen Badeanzug, der regulär 58 € kostete und nun für 35 € angeboten wird. Um wie viele Euro wurde der Badeanzug reduziert?

Kurzfassung: ______________________________

____

Gesucht: ______________________________

Gegeben: ______________________________

Rechenart: ______________________________

Rechnung: ______________________________

Kontrolle, hier: Gegenrechnung: ______________________________

Antwortsatz: ______________________________

______________________________ 12

Übersicht über den Lösungsplan:

1 Die Aufgabe verstehen

- Lies die Aufgabe aufmerksam durch **und** *
- unterstreiche die wichtigen Angaben.*

Gegebenenfalls: Verkürze den Aufgabentext.*

2 Gesucht – Gegeben

- Notiere, was gesucht ist **und**
- notiere, was gegeben ist.

3 Den Lösungsweg planen

Entweder: Finde Wörter, die Hinweise auf eine Rechenart geben.
Oder: Veranschauliche den Rechenweg mit einer Zeichnung.
Oder: Zerlege in Teilaufgaben und berechne.**

4 Das Ergebnis kontrollieren*

Entweder: Mache eine Überschlagsrechnung.
Oder: Kontrolliere mit einer Gegenrechnung.

5 Einen Antwortsatz formulieren

Schließe jede Aufgabe mit einem vollständigen Antwortsatz ab.

Die mit * versehenen Punkte erledigst du bei jeder der folgenden Aufgaben, auch wenn nicht ausdrücklich darauf hingewiesen wird.

Der mit ** versehene Punkt wird im Laufe der folgenden Übungen näher erläutert.

Führe immer alle Schritte des Lösungsplans auf S. 13 durch, auch wenn bei einer Aufgabe nicht alle Schritte erwähnt sind.

1 Für eine Filmvorstellung wurden 691 Karten verkauft. Das Kino hat 1 245 Plätze. Wie viele Plätze waren noch frei?

1 Unterstreiche die wesentlichen Angaben.

2 Gesucht: ______ Gegeben: ______

______

3 Rechenart: ______ Rechnung: ______

4 Kontrolle: ______

5 Antwortsatz: ______ 3

2 Frau Sommer kauft für ihre Tochter eine Jeans für 59 €, eine Bluse für 27 € und ein Paar Schuhe für 66 €. Wie viel Geld hat sie insgesamt für ihre Tochter ausgegeben?

1 Unterstreiche die wesentlichen Angaben.

2 Gesucht: ______

Gegeben: ______

______

3 Rechenart: ______

Rechnung: ______

4 Kontrolle: ______

5 Antwortsatz: ______ 3

3 **Am Anfang des Schuljahres gingen 678 Schülerinnen und Schüler in die Albert-Einstein-Schule in Düsseldorf. Am Ende des Schuljahres waren es nur noch 612. Berechne die Differenz.**

2 Gesucht: ______________ Gegeben: ______________

____

3 Rechenart: ______________

Rechnung: ______________

4 Kontrolle: ______________

5 Antwortsatz: ______________ [ ] 3

4 **Claudia verkauft auf einem Schulfest ihre selbst hergestellten Pralinen. Für die Zutaten hat sie 12,20 € und für die Tüten 2,70 € ausgegeben. Sie verkauft alle Pralinen und nimmt 30,50 € ein. Wie viel Geld bleibt für die Klassenkasse übrig?**

2 Gesucht: ______________ Gegeben: ______________

____

3 Verdeutliche den Rechenweg mit einer Zeichnung:

[ ]

Rechnung: ______________

____

4 Kontrolle: ______________

5 Antwortsatz: ______________ [ ] 3

[ ] 12–10 Punkte | 9–6 Punkte | 5–0 Punkte | [ ] Gesamtpunktzahl

Multiplizieren oder dividieren

1 Im Schwimmbad ist eine Bahn 50 m lang. Wie viele Bahnen musst du zurücklegen, wenn du insgesamt 1 500 m schwimmst?

2 Gesucht: ______________________

Gegeben: ______________________

____

3 Rechenart: ______________________

Rechnung: ______________________

4 Kontrolle: ______________________

5 Antwortsatz: ______________________ 3

2 Die Firma Gartz färbt Eier nicht nur vor Ostern, sondern das ganze Jahr über. In einer Stunde färbt eine Maschine 7 200 Eier.

a) Wie viele Eier sind das täglich, wenn die Maschine 8 Stunden am Tag läuft?

2 Gesucht: ______________________

Gegeben: ______________________

____

3 Rechenart: ______________________

Rechnung: ______________________

4 Kontrolle: ______________________

5 Antwortsatz: ______________________ 3

b) Die Eier werden in Kartons zu je 6 Eiern verpackt. Wie viele Kartons verlassen jeden Tag die Firma?

2 Gesucht: ______ Gegeben: ______

______

3 Rechenart: ______

Rechnung: ______

4 Kontrolle: ______

5 Antwortsatz: ______ | 3

Rechne die Aufgaben 3 bis 7 selbstständig.
Verwende den Lösungsplan auf S. 13.
Schreibe in dein Heft.

3 **Ein Eisberg ist 544 m hoch.**
Nur der 8. Teil ragt aus dem Meer.
Wie viele Meter tief taucht er ins Meer? | 3

4 **Daniels Großvater ist 72 Jahre alt. Er ist sechsmal so alt wie Daniel und viermal so alt wie sein großer Bruder.**
Wie alt sind Daniel und sein Bruder?

5 **Für einen Zoobesuch bezahlen 27 Schülerinnen und Schüler der Klasse 6d insgesamt 94,50 € Eintritt. Wie teuer ist eine Eintrittskarte?** | 3

6 **In einer Minute atmet man durchschnittlich 16-mal ein und aus.**
Wie viele Atemzüge sind das in einer Stunde, an einem Tag? | 3

7 **Wie viel Geld hat Muriel nach 5 Wochen, wenn sie jede Woche 2,50 € von ihrem Taschengeld spart?** | 3

21–16 Punkte | 15–10 Punkte | 9–0 Punkte | Gesamtpunktzahl

Aufgaben in Teilaufgaben zerlegen

Schritt 3

Plane für zusammengesetzte Aufgaben den Lösungsweg, indem du die Aufgabe in mehrere Teilaufgaben zerlegst:

- Unterstreiche mit unterschiedlichen Stiften zusammengehörende Angaben.
- Notiere, was gesucht und gegeben ist.
- Überlege, in welcher Reihenfolge du vorgehen musst.
- Schreibe die Teilaufgaben auf und berechne sie.

Fülle die Leerstellen aus.

1 **Philipp möchte ein Paar neue Ski. Dafür will er 4-mal sein Taschengeld von 28 € pro Monat zurücklegen. Von seiner Tante bekommt er 20 € und seine Großmutter gibt ihm 15 €. Wie viel Geld muss er noch mit Zeitungen austragen verdienen, um sich die 185 € teuren Ski kaufen zu können?**

1 Kurzfassung: ______________________________

____

2 Gesucht: Fehlendes Geld

Gegeben: Preis Ski: ______________

Taschengeld: ______________

Geschenktes Geld: ______________

3 Teilaufgaben: Rechnungen:

a) Betrag Taschengeld: ______________

b) Betrag geschenktes Geld: ______________

c) Taschengeld + geschenktes Geld: ______________

d) Fehlendes Geld: ______________

4 Überschlag: ______________________________

5 Antwortsatz: ______________________________ 4

2 **In einem Lager stehen 24 Schachteln mit jeweils 37 Bleistiften.**
Es werden 6 Schachteln verkauft.
Berechne die Anzahl der noch vorhandenen Bleistifte.

Gesucht: ______________________ Gegeben: ______________________

______________________ ______________________

Teilaufgaben und Rechnung: ______________________

a) ______________________

b) ______________________

Antwortsatz: ______________________ [ ] 4

3 **Für den Sponsorenlauf einer Schule werden 7 Kisten Apfelsaft mit je 16 Flaschen und 9 Kisten Mineralwasser mit je 12 Flaschen eingekauft.**
Es werden 5 Kisten Apfelsaft und 6 Kisten Mineralwasser getrunken.
Wie viele Flaschen sind insgesamt übrig geblieben?

Gesucht: ______________________ Gegeben: ______________________

______________________ ______________________

Zerlege in Teilaufgaben und berechne sie.

____

____

____

____

______________________ [ ] 4

[ ] 12–10 Punkte 9–6 Punkte 5–0 Punkte [ ] Gesamtpunktzahl

Vermischte Aufgaben I

1 Welcher der folgenden Texte passt zu welcher Rechenaufgabe? Verbinde mit einem Strich.

a)	Ein Obsthändler verpackt Orangen. In jede Kiste kommen 27 Orangen. Er füllt 9 Kisten. Wie viele Orangen hat er insgesamt verpackt?	27 : 9
b)	Jörg hat 27 CDs. Er verkauft 9 CDs an seinen Freund. Wie viele hat er noch?	27 + 9
c)	Nadine hat Geburtstag. Sie verteilt an ihre 9 besten Freundinnen insgesamt 27 selbst gebackene Muffins. Wie viele Muffins bekommt jede Freundin?	27 – 9
d)	Kai hat 27 Sportbilder gesammelt. Zum Geburtstag schenkt ihm sein Freund 9 dazu. Wie viele hat er dann insgesamt?	27 · 9

4

2 Herr S. ist unterwegs in Chile. Gestern hat er sich verfahren, nachdem er bereits 240 km zurückgelegt hatte. Er stellt nun fest, dass er noch 150 km bis zur nächsten Stadt fahren muss. In einer Stunde schafft er 30 km. Wie viele Stunden ist er insgesamt unterwegs gewesen?

2 Gesucht: ____________ Gegeben: ____________

____

3 Teilaufgaben und Rechnung:

a) ____________

b) ____________

4 Kontrolle: ____________

5 Antwortsatz: ____________

3

3 **Überlege dir eine Frage zu folgendem Text, die du berechnen willst. Laura hat 350 € gespart. Sie kauft sich einen Radiorekorder für 145 € und 2 CDs für 22 €.**

Frage: ______________________________

(3) Rechnung: ______________________________

____

(5) Antwortsatz: ______________________________ [ ] 3

4 **Am Montag war die Zirkusvorstellung ausverkauft. Besucher, die auf einem der 120 vorderen Plätze zuschauten, bezahlten 12 €. Alle übrigen Plätze kosteten 8 €. Die Einnahmen betrugen insgesamt 3 560 €. Wie viele Zuschauer waren in der Vorstellung?**

(1) Unterstreiche die wichtigen Angaben.

(2) Gesucht: ______________ Gegeben: ______________

____

____

(3) Formuliere 4 Teilaufgaben und berechne sie.

a) ______________________________

b) ______________________________

c) ______________________________

d) ______________________________

(5) Antwortsatz: ______________________________ [ ] 4

[ ] 14–10 Punkte 9–6 Punkte 5–0 Punkte [ ] Gesamtpunktzahl

Vermischte Aufgaben II

Löse die folgenden Aufgaben ohne vorgegebene Lösungshilfen.
Gehe nach dem Lösungsplan S. 13 vor.

1. In Kassel hat ein neues Hotel eröffnet. Ein Einzelzimmer kostet 55 €, ein Doppelzimmer 70 €. In den ersten 14 Tagen waren 24 Einzelzimmer und 35 Doppelzimmer belegt. Wie hoch waren die Einnahmen insgesamt?

3

2. Frau Baum hat sich von ihrer Schwester 1 248 € für einen neuen Teppich geliehen. 300 € bekommt sie von der Schwester geschenkt, den Rest will sie ihr in 4 Monatsraten begleichen. Wie hoch ist jede Rate?

3

Löse die folgenden Aufgaben in deinem Heft.

Tipp: Im Lösungsteil findest du die schriftliche Multiplikation und die schriftliche Division erläutert.

3 Ein Fahrradhändler verkauft Herren- und Damenfahrräder und nimmt im Jahr insgesamt 36 300 € ein. 102 Herrenräder hat er zu je 220 € verkauft, ein Damenfahrrad kostete 198 €. Wie viele Damenfahrräder hat er verkauft? 3

4 Die Klasse 5c macht eine Fahrt mit dem Bus zum Duisburger Zoo, die für die 28 Schülerinnen und Schüler insgesamt 364 € kosten soll. Leider werden am Tag der Fahrt 2 Schüler krank und können nicht mitfahren. Um wie viele € erhöht sich der Preis für jeden?

3

5 Im Monat Mai waren die Hühner von Bauer Herzog besonders fleißig. Sie legten insgesamt 2 760 Eier. Die eine Hälfte verpackt er in Eier-Kartons zu je 6 Eiern, die andere Hälfte in Kartons zu je 10 Eiern. Wie viele Kartons sind das insgesamt? 3

6 Zu Beginn der Heizperiode waren in einem Heizöltank einer Schule noch 14 560 Liter. Da der Winter sehr lang dauerte, wurden noch zweimal 7 770 Liter Öl nachgeliefert. Vor den Osterferien waren noch 10 434 Liter im Tank. Wie viele Liter Heizöl wurden verbraucht? 3

7 Für eine Musikveranstaltung wurden im Vorverkauf 456 von 1 370 Karten verkauft. Am Tag der Veranstaltung wurden 367 Karten mehr verkauft als im Vorverkauf. Wie viele Plätze waren noch frei? 3

8 Die Tribüne eines Fußballstadions hat 30 Reihen mit jeweils 185 Plätzen. Wie hoch ist die Tageseinnahme, wenn die Tribüne voll besetzt ist und eine Karte 7 € kostet? 3

24–17 Punkte | 16–12 Punkte | 11–0 Punkte | Gesamtpunktzahl

Text in einen Term umwandeln

Zur Lösung der folgenden Aufgaben musst du die Fachausdrücke kennen:

Addition:

1. Summand + 2. Summand	**=**	**Summe**	**Beispiel: 4 + 6 = 10**

Subtraktion:

Minuend – Subtrahend	**=**	**Differenz**	**Beispiel: 10 – 3 = 7**

Multiplikation:

1. Faktor · 2. Faktor	**=**	**Produkt**	**Beispiel: 5 · 7 = 35**

Division:

Dividend : Divisor	**=**	**Quotient**	**Beispiel: 18 : 3 = 6**

Unterstreiche in jeder Aufgabe zuerst die darin enthaltenen Fachausdrücke. Schreibe dann den Text der Aufgabe als Term und berechne das Ergebnis.

Beispiel:
Beide *Faktoren eines Produkts* heißen 13. Welchen *Wert hat das Produkt?*

Term: 13 · 13 *Lösung: 169*

1 **Welche Zahl bekommst du, wenn du zu dem Produkt aus 11 und 9 die Zahl 300 addierst?**

Term: ______________________ Lösung: ______________________ [ ] 2

2 **Subtrahiere von 230 die Zahl 34.**

Term: ______________________ Lösung: ______________________ [ ] 2

3 **Die Summe zweier Zahlen ist 387. Der 1. Summand ist 234. Wie groß ist der 2. Summand?**

Term: ______________________ Lösung: ______________________ [ ] 2

Denke daran, bei der Lösung der folgenden Aufgaben Klammern zu setzen.
Beachte die Rechenregeln: Klammer zuerst, Punkt vor Strich.

4 **Bilde den Quotienten aus der Differenz der Zahlen 456 und 180 und 3.**

Term: ______________ Lösung: ______________ [ ] 3

5 **Multipliziere die Summe der Zahlen 14 und 5 mit deren Differenz.**

Term: ______________ Lösung: ______________ [ ] 3

6 **Subtrahiere von der Summe der Zahlen 330 und 60 den Quotienten aus den Zahlen 64 und 4.**

Term: ______________ Lösung: ______________ [ ] 3

7 **Addiere zu der Summe der Zahlen 58 und 13 das Doppelte der Differenz der Zahlen 87 und 24.**

Term: ______________ Lösung: ______________ [ ] 3

8 **Zu dem Term 130 + 10 · (33 – 29) soll ein Aufgabentext geschrieben werden.**

Brigitte schreibt: *Addiere 130 zu dem Zehnfachen der Differenz aus den Zahlen 33 und 29.*

Ulrike schreibt: *Multipliziere die Summe der Zahlen 130 und 10 mit der Differenz der Zahlen 33 und 29.*

Welcher Text trifft zu? ______________

Begründe: ______________ [ ] 3

[ ] 21–17 Punkte 16–11 Punkte 10–0 Punkte [ ] Gesamtpunktzahl

Länge und Gewicht – Maßeinheiten

Beim Rechnen mit Größen muss oft eine Maßeinheit in eine kleinere oder größere Einheit umgewandelt werden.

Längeneinheiten: 1 mm
1 cm = 10 mm
1 dm = 10 cm
1 m = 10 dm
1 km = 1000 m

1 m = 100 cm = 1 000 mm

1 Rechne in die nächstkleinere Einheit um.

a) 8 m = ______ 77 cm = ______

b) 87 dm = ______ 6,3 dm = ______

c) 0,3 m = ______ 4,8 cm = ______ | 3

2 Rechne in die nächstgrößere Einheit um.

a) 7 000 m = ______ 330 cm = ______

b) 150 mm = ______ 1 800 mm = ______

c) 80 dm = ______ 23 cm = ______ | 3

3 Berechne. Schreibe das Ergebnis in der angegebenen Einheit.

a) 76 cm + 43 cm = ______ m 5 mm + 12 mm = ______ cm

b) 1,5 cm – 1 cm = ______ cm 350 cm – 220 mm = ______ cm

c) 5,6 m + 340 cm = ______ cm 2 km – 1 200 m = ______ m | 3

4 Berechne.

15 m · 7 = ______ 144 mm : 12 = ______ | 1

Gewichtseinheiten:

1 mg		1 Pfund	= 500 g
1 g	= 1 000 mg	1 Zentner	= 50 kg
1 kg	= 1 000 g		
1 t	= 1 000 kg		

5 **Schreibe die Größe in gemischten Einheiten.**

5,412 kg = 5 kg 412 g   a) 23,07 t = ______

b) 5,3 g = ______   c) 7,006 kg = ______   [ ] 2

6 **Rechne in die nächstkleinere Einheit um.**

a) 17 kg = ______   9 t = ______

b) 88,6 kg = ______   54 g = ______

c) 5,70 t = ______   2 Pfund = ______   [ ] 3

7 **Rechne in die nächstgrößere Einheit um.**

a) 4 000 mg = ______   345 g = ______

b) 5 900 g = ______   5 300 kg = ______

c) 347 kg = ______   912 mg = ______   [ ] 3

8 **Berechne.**

a) 644 g + 78,9 g = ______   4 t – 350 kg = ______

b) 240 g : 4 = ______   (3 g + 6 g) · 5 = ______

c) 8 mg · 6 + 9 mg = ______   120 t : 5 = ______   [ ] 3

[ ]   21–17 Punkte   15–11 Punkte   10–9 Punkte   [ ] Gesamtpunktzahl

Geld und Zeit – Maßeinheiten

In allen Ländern der Europäischen Währungsunion gelten der Euro (€) und der Cent (ct) als Währungsmittel.

1 € = 100 ct

1 Schreibe in € und ct.

a) 3 450 ct = ______ 690 ct = ______

b) 7,35 € = ______ 110,02 € = ______

c) 701 ct = ______ 23 ct = ______ 3

2 Schreibe in ct.

a) 55,80 € = ______ 5,07 € = ______

b) 0,92 € = ______ 0,02 € = ______ 2

3 Schreibe den Geldbetrag mit Komma.

a) 614 ct = ______ 2 999 ct = ______

b) 7 € 55 ct = ______ 0 € 3 ct = ______

c) 99 ct = ______ 125 784 ct = ______ 2

4 Berechne. Gib das Ergebnis in € an.

a) 4,56 € + 44,50 € = ______ 12 € – 330 ct = ______

b) 33,76 € + 7,98 € + 0,36 € = ______

c) 2 388 ct – 4,50 € – 120 ct = ______ 3

Einheiten für Zeitspannen:

1 a =	365 d	1 Woche =	7 Tag
1 d =	24 h	1 Jahr =	12 Monate
1 h =	60 min	1 Jahr =	365 Tage
1 min =	60 s		

Anfang und Ende einer Zeitspanne werden durch Zeitpunkte (Uhrzeit, Monate, Jahre) angegeben.

5 Rechne in die angegebene Einheit um.

a) 4 min = ______ s   3 h = ______ min   540 min = ______ h

b) 1 h = ______ s   1 h 20 min = ______ min

c) 120 min = ______ h   4 d 12 h = ______ h

d) 5 min 5 s = ______ s   96 h = ______ d

4

6 Rechne in gemischte Maßeinheiten um.

Beispiel: *70 min = 1 h 10 min*

a) 50 h = ______   150 min = ______

b) 242 s = ______   90 s = ______

c) 182 min = ______   340 s = ______

3

7 Ergänze die Tabelle. Gib die Dauer der Zugfahrt in Stunden und Minuten an.

Abfahrt	Dauer	Ankunft
7.10 Uhr		9.40 Uhr
14.35 Uhr		21.25 Uhr
11.40 Uhr		14.05 Uhr

3

20–16 Punkte   15–10 Punkte   9–0 Punkte   Gesamtpunktzahl

Auf gleiche Einheiten achten

Prüfe – bevor du rechnest –, ob Größen in der gleichen Maßeinheit vorliegen. Sind sie in unterschiedlichen Einheiten angegeben, musst du sie in gleiche Einheiten umwandeln.
Wandle so um, dass du möglichst ohne Kommazahlen rechnen kannst. Notiere die Umwandlung unter „Gegeben".

Führe immer alle Schritte des Lösungsplans S. 13. durch, auch wenn hier nicht alle Schritte erwähnt sind.

Fülle die Leerstellen aus.

1 Inge backt eine Torte. Sie besteht aus zwei je 1,8 cm hohen Tortenböden. Dazwischen ist eine 2,5 cm dicke Schicht aus Buttercreme. Den Abschluss bildet eine 4 mm hohe Marzipanschicht. Gib die Höhe der Torte in cm an.

2 Gesucht: ____________

Gegeben:
Höhe eines Tortenbodens: 1,8 cm = 18 mm
Höhe der Buttercreme: 2,5 cm = ____________
Höhe der Marzipanschicht: = ____________

3 Rechnung: ____________

5 Antwortsatz: ____________ | 3

2 Ein 2,80 m lange Holzstange wird in 9 cm lange Stücke zersägt. Wie viele Stücke ergibt das höchstens?

2 Gesucht: ____________ Gegeben: ____________

____

3 Rechnung: ____________

5 Antwortsatz: ____________ | 3

3 **Frau Kaiser kauft ein: 400 g Schinken, 5 kg Kartoffeln, 1 Pfund Butter, 300 g Käse und 250 g Reis. Wie schwer ist der Inhalt ihrer Einkaufstüte?**

Gesucht: ______________________________

Gegeben: ______________________________

____

Rechnung: ______________________________

____

Antwortsatz: ______________________________

______________________________ 3

4 **Für ihre Party kauft Cornelia insgesamt 20 Trinkpäckchen Saft und 24 Kuchenteilchen ein. Die Trinkpäckchen kosten je 65 ct. Die Teilchen kosten je 1,50 €. Sie bezahlt mit einem 50-€-Schein. Wie viel Geld erhält sie zurück?**

Gesucht: ______________________________

Gegeben: ______________ ______________

____

Teilaufgaben und Rechnung: ______________________________

____

____

____

Kontrolle: ______________________________

Antwortsatz: ______________________________ 3

Geld – Textaufgaben

Fülle die Leerstellen aus.

1 **Frau S. kauft 6 Osterhasen aus Schokolade. Sie bezahlt mit einem 20-€-Schein und bekommt einen 5-€-Schein, zwei 2-€-Münzen und vier 20-ct-Münzen zurück.**
Wie viele € hat ein Osterhase gekostet?

2 Gesucht: ______________________

Gegeben: *6 Osterhasen*
Bezahlt mit: *20 € = 2000 ct*

Zurückerhaltenes Geld: 5 € = ________ ct

2 · 2 € = ________ ct   4 · 20 ct = ________ ct

3 Rechne in drei Teilaufgaben:

a) ______________________ b) ______________________

c) ______________________

4 Kontrolle: ______________________

5 Antwortsatz: ______________________ 3

2 **Melanie kauft ein. Wie viel (in €) bezahlt sie insgesamt?**

Ware	Anzahl	Einzelpreis	Preis insgesamt
Schokolade	5	1,35 €	
Kaugummi	7	0,43 €	
Müsli-Riegel	4	0,80 €	
		Summe:	

3

Löse die folgenden Aufgaben selbstständig nach dem Lösungsplan S. 13.

3 Biggi leert ihre Spardose. Auf dem Tisch liegen 15 x 5 ct, 54 x 10 ct, 12 x 1 € und 7 x 2 €. Wie viel (in €) ist das insgesamt?

__ / 3

4 Marias Vater hat genau vor einem Jahr mit dem Rauchen aufgehört. Pro Tag hat er dadurch durchschnittlich 3,20 € gespart. Von dem Geld will er einen neuen Fernseher für 1 130 € kaufen. Reicht das gesparte Geld?

__ / 3

12–10 Punkte | 9–6 Punkte | 5–0 Punkte | Gesamtpunktzahl

Gewicht – Textaufgaben

**1 Eine Autofähre ist mit 33 gleichen Autos beladen.
Wie groß ist das Gewicht dieser Autos, wenn ein Auto 1 066 kg wiegt?
Gib in t (Tonnen) an.**

Gesucht: ______________________________

Gegeben: ______________________________

____

Rechnung: ______________________________

Antwortsatz: ______________________________

______________________________ 3

2 Wie viele Säcke Zement zu je 50 kg darf ein Lkw von 2,8 t Leergewicht geladen haben, wenn er vor einer Brücke dieses Schild sieht?

Gesucht: ______________________________

Gegeben: ______________ ______________

____

Rechne in Teilaufgaben:

____

____

Kontrolle: ______________________________

Antwortsatz: ______________________________

______________________________ 3

Löse die folgenden Aufgaben selbstständig nach dem Lösungsplan auf S. 13.

3 Herr Braun ist Metzger. In seinem Laden hängt ein Schinken, der 12,3 kg wiegt. Er verkauft nacheinander 600 g, 1,5 kg, 950 g und 275 g. Wie viele Kilogramm Schinken bleiben übrig?

3

4 Frau Sauer freut sich. Sie hat in 4 Wochen 8,5 kg abgenommen. Ihre Tochter rechnet die Gewichtsabnahme in Päckchen Butter zu je 250 g um. Zu welchem Ergebnis ist die Tochter gekommen?

3

12–9 Punkte | 8–6 Punkte | 5–0 Punkte | Gesamtpunktzahl

Länge – Textaufgaben

1 **Die Realschule Hohenstein veranstaltete einen Sponsorenlauf auf dem Sportplatz. In der Klasse 9a beteiligten sich 20 Schülerinnen und Schüler. Sie liefen insgesamt 240 Runden. Eine Runde ist 400 m lang. Verteile die insgesamt gelaufenen km gleichmäßig auf die einzelnen Schüler der Klasse.**

2 Gesucht: ______________ Gegeben: ______________

____

____

3 Teilaufgaben und Rechnung:

____

____

4 Kontrolle: ______________

5 Antwortsatz: ______________ 3

Löse die folgenden Aufgaben selbstständig nach dem Lösungsplan auf S. 13.

2 **In einer einspurigen Baustelle auf der Autobahn hat sich ein 8,5 km langer Stau gebildet. Nimm an, dass ein Auto 4 m lang ist. Wie viele Autos stehen in der Schlange?**

____

____

____

____

____

______________ 3

❸ In der Wohnung von Familie Kracht sollen neue Fußleisten verlegt werden. Insgesamt werden 35,20 m benötigt. Im Baumarkt gibt es 2,30 m lange Leisten. Wie viele Leisten müssen gekauft werden?

3

❹ 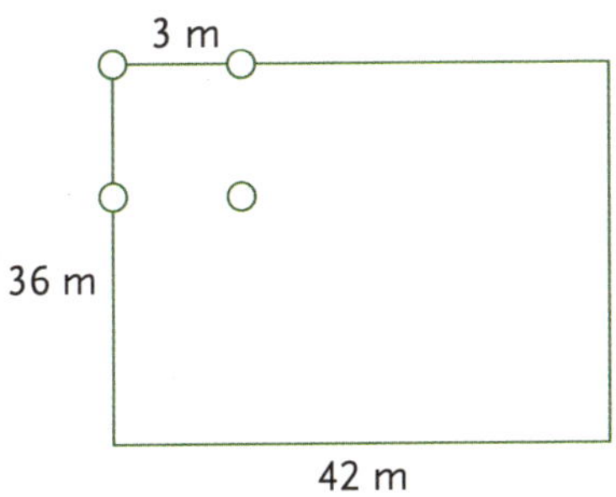

In einem Garten mit den nebenstehenden Maßen werden Apfelbäumchen gepflanzt. Die Bäumchen sollen alle in einem Abstand von 3 m voneinander wachsen. Wie viele Bäumchen können gepflanzt werden?

4

13–11 Punkte | 10–7 Punkte | 6–0 Punkte | Gesamtpunktzahl

Zeitpunkt und Zeitspanne – Textaufgaben

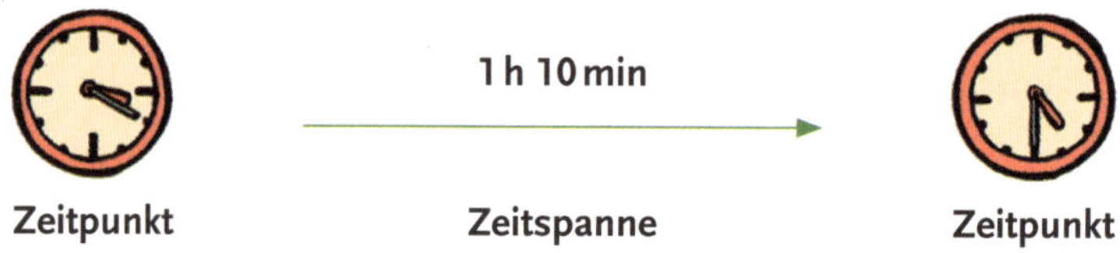

1 **Julians Vater fährt normalerweise 34 min mit dem Auto zur Arbeit. Heute kauft er noch Brötchen ein und ist deshalb 8 min länger unterwegs. Er geht um 7.33 Uhr aus dem Haus. Wann kommt er an?**

2 Gesucht: Zeitpunkt der Ankunft

Gegeben: Zeitpunkt der Abfahrt: ______

Zeitspanne: ______

3 Rechnung: ______

5 Antwortsatz: ______ 2

2 **Anke steht um 6.45 Uhr morgens auf, ihre Schule beginnt um 8.00 Uhr. Heute verbringt sie 20 min im Badezimmer, für das anschließende Frühstück braucht sie 15 min. Sie holt dann ihre Schulsachen und nach 5 min verabschiedet sie sich. Sie läuft 7 min zur Bushaltestelle. Nach 20 min kommt sie in der Schule an und läuft noch 4 min bis zur Klassentür. Wie viel Zeit hat sie noch, um vor dem Unterricht mit ihrer Freundin zu sprechen?**

1 Unterstreiche die wichtigen Angaben, rechne dann selbstständig nach dem Lösungsplan.

______

______

______

______

______ 4

Löse die folgenden Aufgaben im Heft.

3 Markus und Alexander machen am Wochenende eine Fahrradtour. Sie fahren um 9.30 Uhr von zu Hause los und sind um 15.15 Uhr wieder zurück. Wie lange waren sie unterwegs? 2

4 Was kostet diese Versicherung im Jahr?

Versichern Sie Ihr Auto für nur 35 ct am Tag.

3

5 Susanne hat einen Ferienjob. Sie arbeitet 7 h am Tag und verdient pro Stunde 8,55 €. Ihre Freundin verdient in der gleichen Zeit 67,20 €. Vergleiche. 3

6 Frau Weiß ist vom 29. April bis einschließlich 15. Juli auf Weltreise. Wie viele Tage ist sie insgesamt unterwegs? 3

7 Familie Bach gab im Monat September 766,20 € für Lebensmittel aus. Wie viele € waren das pro Tag? 3

8 Sebastian darf sonntags drei Stunden fernsehen. Er sieht sich zwei Filme an. Der erste Film dauert 1h 25 min, der zweite 1h 55 min. Was sagen seine Eltern dazu? 3

9 Ermittle die Zeitspannen.

a) 10.43 Uhr bis 12.35 Uhr

b) 13.12 Uhr bis 15.14 Uhr

2

25–20 Punkte | 19–13 Punkte | 12–0 Punkte | Gesamtpunktzahl

Vermischte Aufgaben

Löse die folgenden Aufgaben selbstständig nach dem Lösungsplan auf S. 13.

1 **Zu Fuß einmal um die Erde? Die Erde hat einen Umfang von ca. 40 000 km.**

a) Angenommen, du läufst am Tag 25 km. Wie viele Jahre und Tage würde deine Reise dauern?

b) Ein Paar Schuhe reicht für 2 000 km und kostet 55 €. Wie viel Geld müsstest du für Schuhe ausgeben?

a) ______________________

____

____

____

b) ______________________

____

______________________ 4

2 **Auf dem Flohmarkt nimmt Kevin für seinen alten Fotoapparat 7 € ein. Anschließend verkauft er noch 7 Bücher zu je 1,50 €, 3 CDs für je 3,20 € und 6 Spiele. Er hatte zu Beginn 15,60 € dabei und am Ende 60,70 € in der Tasche. Für wie viele € hat er ein Spiel verkauft?**

____

____

____

____

______________________ 3

3 Bei einem Schulfest verkauft die Klasse 5d insgesamt 87 Waffeln. Eine Waffel kostet 45 ct. Die Klasse 5c verkauft 55 Muffins. Ein Muffin kostet 75 ct. Wie viel Geld wurde jeweils eingenommen?

_____ / 3

4 Familie Klocke plant einen zweiwöchigen Urlaub in der Türkei. Das Reisebüro bietet zwei Termine zur Auswahl an: 23. Juli oder 27. Juli. Gib das jeweilige Datum für das Ende des Urlaubs an.

_____ / 3

5 Die Schüler Paul, Jörg, Memet und Richard wiegen zusammen 148 kg. Jörg und Memet wiegen zusammen 72 kg. Memet wiegt 5 kg weniger als der 40 kg schwere Richard. Wie viel wiegt jeder Schüler?

_____ / 4

17–14 Punkte | 13–9 Punkte | 8–0 Punkte | Gesamtpunktzahl

Lösungsplan: Mit Skizze und Formel zur Lösung

Lösungsplan für Textaufgaben mit Umfangs- und Flächenberechnungen:

1 Die Aufgabe verstehen

- Lies die Aufgabe aufmerksam durch **und** *
- unterstreiche die wichtigen Angaben.*

2 Gesucht – Gegeben

- Wandle den Text in eine beschriftete Zeichnung um **und**
- notiere, was gesucht ist **und**
- schreibe auf, was gegeben ist.

3 Den Lösungsweg planen

- Überlege, ob du mit dem Umfang einer Fläche oder dem Flächeninhalt die Aufgabe lösen kannst **und**
- schreibe die jeweils zutreffende Formel auf, setze die gegebenen Größen ein und rechne.

4 Das Ergebnis kontrollieren*

Entweder: Führe eine Überschlagsrechnung durch.
Oder: Kontrolliere mit einer Gegenrechnung.

5 Einen Antwortsatz formulieren

Schließe jede Aufgabe mit einem vollständigen Antwortsatz ab.

Die mit * versehenen Punkte erledigst du bei jeder der folgenden Aufgaben, auch wenn nicht ausdrücklich darauf hingewiesen wird.

Beispiel:
Um einen rechteckigen Platz wird eine niedrige Mauer gebaut. Der Platz ist 32,30m lang und 25,60m breit. Wie lang ist die Mauer?

Skizze:

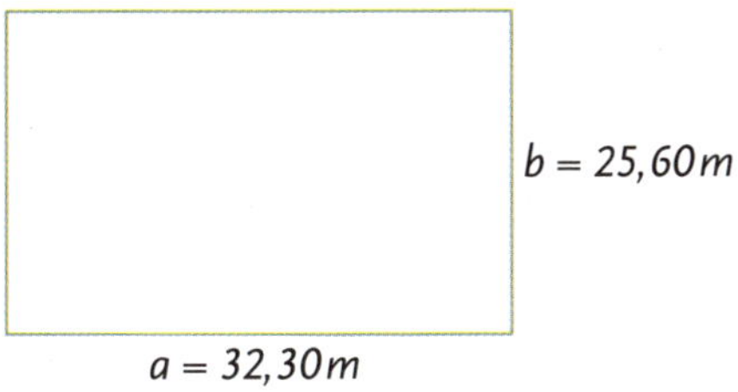

Gesucht: Länge der Mauer
Gegeben: Seite a = 32,30 m
Seite b = 25,60 m

Die Länge der Mauer entspricht dem Umfang des Rechtecks.
Formel: $U = 2 \cdot a + 2 \cdot b$
Rechnung: $U = 2 \cdot 32{,}30\,m + 2 \cdot 25{,}60\,m = 64{,}60\,m + 51{,}20\,m = 115{,}80\,m$

Kontrolle: Überschlag: $32\,m + 25\,m + 32\,m + 25\,m = 114\,m$

Antwortsatz: Die Mauer ist 115,80m lang

1 Das Gehege einer Ziege ist 5 m lang und 3 m breit. Berechne die Fläche, die sie zum Grasen zur Verfügung hat.

Beschrifte die Skizze:

Gesucht: ____________________

Gegeben: ____________________

Die Grasfläche entspricht dem ____________________

Formel: A = ____________

Rechnung: A = ____________ Kontrolle: ____________

Antwortsatz: ____________________ | 4

24–17 Punkte | 16–12 Punkte | 11–0 Punkte | Gesamtpunktzahl

Umfang – Textaufgaben

Merke: Der Umfang (Abkürzung: U) einer Figur ist eine Länge. Er wird in einer Längeneinheit angegeben.

Führe immer alle Schritte des Lösungsplans S. 54 durch, auch wenn hier nicht alle Schritte erwähnt sind.

1 **Miss die Längen mit dem Lineal und gib den Umfang des Sterns in mm und cm an.**

U = ______________ mm

= ______________ cm

1

2 **Eine rechteckige Wiese benötigt einen neuen Zaun. Sie ist 65 m lang und 48 m breit. Wie viele m Zaun werden benötigt?**

2 Beschrifte die Skizze:

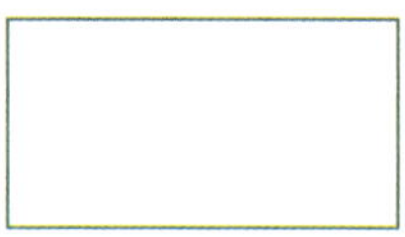

b = ________

a = ________

Gesucht: ______________

Gegeben: ______________

3 Formel: ______________

Rechnung: ______________

4 Kontrolle: ______________

5 Antwortsatz: ______________

3

3 **Berechne den Umfang folgender Rechtecke im Kopf.**

a) a = 5 m b = 3 m b) a = 6 cm b = 2 cm c) a = 3 m b = 70 cm

3

4 **Um einen rechteckigen Garten ist eine 520 m lange Hecke gepflanzt. Der Garten ist 188 m lang. Wie breit ist er?**

2 Skizze:

Gesucht: ____________________

Gegeben: ____________________

____

3 Formel: ____________________

Tipp: So findest du die Länge der Seite b: $2 \cdot b = U - 2 \cdot a$.

Rechnung: ____________________

4 Kontrolle: ____________________

5 Antwortsatz: ____________________ | 3

5 **Florian will auf der Wiese seinem Kaninchen ein quadratisches Gehege bauen. In der Garage seines Vaters findet er dazu 12 m Drahtzaun. Die Ecken des Geheges markiert er mit Holzpfählen. Wie weit voneinander entfernt muss er sie jeweils in den Boden stecken?**

2 Skizze:

Gesucht: ____________________

Gegeben: ____________________

3 Formel: ____________________

Rechnung: ____________________

5 Antwortsatz: ____________________ | 3

13–10 Punkte | 10–7 Punkte | 6–0 Punkte | Gesamtpunktzahl

Flächeninhalt I – Textaufgaben

Merke: Der Flächeninhalt (Abkürzung: A) einer Figur wird in einer Flächeneinheit angegeben.

Flächeneinheiten:	**1 cm^2 = 100 mm^2**	**1 Ar (a)* = 100 m^2**
	1 dm^2 = 100 dm^2	**1 Hektar (ha)* = 100 a**
	1 m^2 = 100 dm^2	**1 km^2 = 100 ha**

*** Diese Maßeinheiten werden vor allem in der Landwirtschaft genutzt.**

1 Wandle in die angegebene Einheit um.

a) 4 m^2 = ______________ dm^2 22 dm^2 = ______________ cm^2

b) 400 cm^2 = ______________ dm^2 765 dm^2 = ______________ m^2

c) 2 km^2 = ______________ ha 543 ha = ______________ a

d) 81 570 cm^2 = ______________ m^2 800 mm^2 = ______________ cm^2

e) 45 a = ______________ m^2 1 239 a = ______________ ha [ ] 4

2 Eine quadratische Platte hat eine Seitenlänge von 16 cm.
Wie groß ist ihr Flächeninhalt?

Skizze:

Gesucht: ______________

Gegeben: ______________

Formel: A = ______________ Rechnung: A = ______________ = ______________

Kontrolle: ______________

Antwortsatz: ______________

______________ [ ] 3

3 **Ein rechteckiger Parkplatz hat eine Fläche von 9240 m². Eine Seite ist 110 m lang. Wie lang ist die andere Seite?**

Skizze:

Gesucht: Seite b

Gegeben: ______________________

____

Formel: ______________________

Tipp: Die Länge der Seite b findest du mit einer Umkehrrechnung.

Rechnung: ______________________

Kontrolle: ______________________

Antwortsatz: ______________________ 4

4 **Berechne die fehlenden Größen.**

	a)	b)	c)	d)
Seite a	12 cm		41 dm	34 m
Seite b	9 cm	27 mm		200 dm
Fläche		216 mm²	533 dm²	

4

5 **Rechne im Heft:**
Ein Schulgebäude hat 6 Klassenräume. Jeder Raum ist 11 m lang und 8 m breit. Wie groß ist die Gesamtfläche der Klassenräume? 3

18–15 Punkte | 14–10 Punkte | 9–0 Punkte | Gesamtpunktzahl

Flächeninhalt II – Textaufgaben

1 **Die Eltern von Elke besitzen einen Schrebergarten. Er ist 1 120 m^2 groß. Eine Seite ist 35 m lang. Wie lang ist die andere Seite?**

Skizze:

A = ____________

Gesucht: ____________

Gegeben: ____________

____

a = ____________

Formel: ____________

Rechnung: ____________

Antwortsatz: ____________ | 3

2 **In einem Garten wird ein rechteckiger Teich angelegt. Er ist 3 m lang und 4 m breit. Wie viele m^2 können jetzt noch für eine Wiese und Blumenbeete genutzt werden, wenn der Garten 45 m lang und 29 m breit ist?**

Skizze:

____

____

____

____

____________ | 4

3 **Ein quadratisches Feld ist 9 a groß. Wie groß ist die Seitenlänge? Gib in Quadratmetern an.**

2 Skizze: ______

______

______

3 ______

4 ______

5 ______ | 3

Löse die folgende Aufgabe selbstständig nach dem Lösungsplan auf S. 54.

4 **Ein rechteckiges Beet, das 13,4 m lang und 6 m breit ist, wird mit Stiefmütterchen bepflanzt. Jede Pflanze braucht 4 dm^2 Fläche. Wie viele Stiefmütterchen können gepflanzt werden?**

______

______

______

______

______ | 4

5 **Berechne den Flächeninhalt folgender Rechtecke und Quadrate.**

a) a = 15 cm A_Q = ______

b) a = 2,4 cm A_Q = ______

c) a = 22 mm b = 6 mm A_R = ______ | 3

17–14 Punkte | 13–9 Punkte | 8–0 Punkte | Gesamtpunktzahl

Vermischte Aufgaben

1 **Welchen Flächeninhalt hat ein Blatt Papier, das einen Umfang von 102 cm hat und 21 cm breit ist?**

2 Skizze:

3 U =

A =

5

3

2 **Aus einem Stück Stoff werden 12 Fahnen mit den Maßen 56 cm mal 40 cm hergestellt. Wie viele dm^2 Stoff werden dafür benötigt?**

2

3

5

3

3 **Berechne Umfang und Fläche.**

a = 5 m, b = 3 dm

A =

U =

2

4 **Melanies Mutter näht eine Tischdecke für den Esszimmertisch, der 2,80 m lang und 1,10 m breit ist. Die Decke hängt 20 cm über den Tischrand und ist mit einem farbigen Band umsäumt. Wie viele m Band hat sie verarbeitet? Beschrifte zuerst die Skizze, rechne dann.**

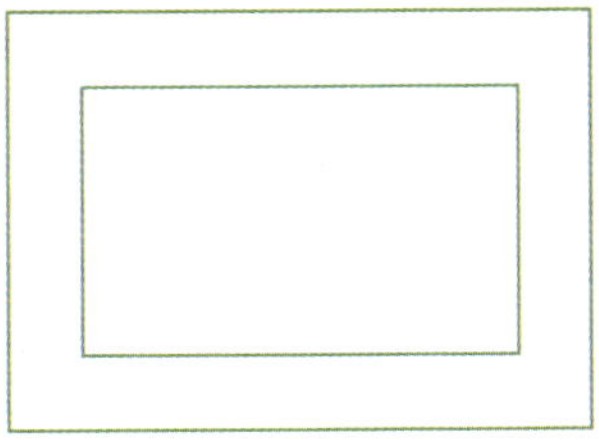

___ / 4

5 **Die Wand in einem Badezimmer soll mit 4 kleinen Spiegeln der Größe 25 cm mal 25 cm beklebt werden. Anschließend soll die gesamte Spiegelfläche noch mit einem schmalen Holzrahmen versehen werden. Wie groß ist die Spiegelfläche und welche Länge hat der gesamte Holzrahmen?**

Skizze:

___ / 4

Autorin: Ursula Himmler.

www.cornelsen.de

Bibliografische Information:
Die Deutsche Bibliothek verzeichnet diese Publikation in der Deutschen Nationalbibliografie; detaillierte bibliografische Daten sind im Internet über http://dnb.ddb.de abrufbar.

Dieser Band folgt den Regeln der deutschen Rechtschreibung, die seit August 2006 gelten.

5. 4. 3. 2. 1. Die letzten Ziffern bezeichnen
13 12 11 10 09 Zahl und Jahr der Auflage.

Projektleitung: Annegret Hauser, Berlin
Redaktion: lüra – Klemt & Mues GbR, Wuppertal
Reihengestaltung: Magdalene Krumbeck, Wuppertal
Satz und Layout: Ludger Stallmeister, Wuppertal
Illustrationen: Dorina Teßmann, Berlin
Umschlaggestaltung: Magdalene Krumbeck, Wuppertal
Druck und Bindearbeiten: Saaledruck Naumburg GmbH
Printed in Germany
ISBN 978-3-589-22955-0

Gedruckt auf säurefreiem Papier,
umweltschonend hergestellt aus chlorfrei gebleichten Faserstoffen.